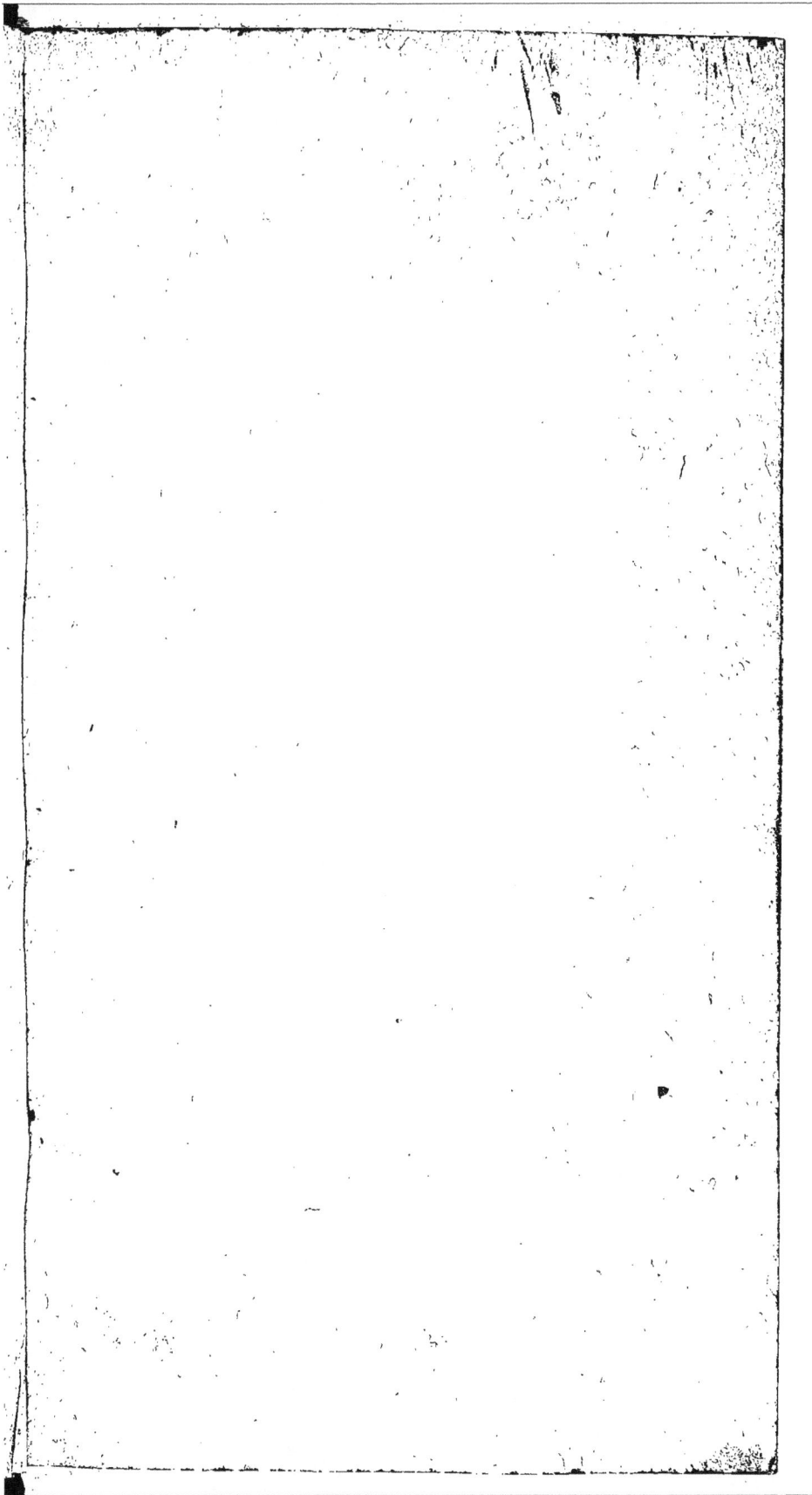

DESCRIPTION DES EAUX MINERALES DE VICHY EN BOURBONNOIS,

CONTENUE EN UNE LETTRE ESCRITE A MONSIEUR DE BASVILLE, CONSEILLER DU ROY en tous ses Conseils, & Maistre des Requestes ordinaire de son Hostel.

Par ANTOINE JOLLY, *Docteur en Medecine.*

A PARIS,
De l'Impr. de JACQUES LANGLOIS, fils, ruë Gallande, proche la Place-Maubert, vis-à-vis la ruë du Foüarre, à l'Im. S. Jacques.
Et se vend
Chez EMMANUËL LANGLOIS, ruë S. Jacques, à la Reyne du Clergé.
Et au Palais dans la Grand' Salle, au 6. Pilier, à la Reyne de Paix.
M. DC. LXXVI.
Avec Permission & Approbation.

A MONSIEUR
MONSIEVR
DE BASVILLE,
CONSEILLER DU ROY en tous ses Conseils, & Maistre des Requestes ordinaire de son Hostel.

MONSIEUR,

Je ne doute pas que je ne m'expose à la censure publique, en parlant d'une matiere aussi delicate & difficile que celle des Eaux Minerales. Mais comme on peut tout entreprendre sous les auspices d'un Nom aussi Illustre que le vostre, je n'ay pas hesité en vous obeïssant, de m'y commettre ; Et pourveu que cette Relation vous soit agreable, je ne dois rien craindre d'ailleurs , estant appuyé de la Protection d'une personne aussi éclairée que vous dans les belles lettres, & dans les autres Sciences curieuſes. C'eſt le ſeul motif qui m'engage, M. à vous d'écrire les Eaux Minerales de Vichy, pour ſatisfaire aux ordres que vous m'avez fait l'honneur de me donner ſur les lieux en les beuvant ce Printemps dernier. Sur ce fondement, M. j'eſpere que l'aveu & l'agréement que vous donnerez à ce petit

Recit, m'attireront de la part du Lecteur plus de loüange de mon zele, que de blâme de la foiblesse & de la bassesse de mon discours, & me procureront un consentement favorable de cette sçavante & celebre Faculté de Paris; dont le Jugement est la vraye pierre de touche des ouvrages les plus achevez en Medecine. Car quoy qu'elle ne découvre pas icy la derniere justesse du langage, ny la solidité du raisonnement, ny la doctrine d'un Medecin parfait & consommé, j'ose me flater toutesfois que voyant paroistre au jour ce petit Traité sous l'azile d'un aussi puissant Patron que vous, elle se relâchera un peu de la severité de sa Critique pour n'en pas examiner les défauts avec la derniere rigueur.

De la Grille.

LES Fontaines Minerales de Vichy sont au nombre de six, & la plus generale est celle qu'on appelle *Puits Rond*, *Grille de Fer*, communnément *La Grille*, dont l'eau est presque insipide, sans autre goust que fort peu d'acide, & du degré de la chaleur d'un boüillon.

De ses facultez.

Elle est le souverain Remede à toutes sortes de Coliques, à la Bilieuse adoucissant l'acrimonie de cette humeur ; à la Pituiteuſe detergeant cette matiere & l'attenuant ; à la Flatueuſe par la reſolution des vents ; à la Nephretique par l'expulſion de toutes les matieres contenuës dans les voyes des urines, j'entens de celles qui ſont proportionnées à la largeur des vaiſſeaux, cõme Phlegme, Sable, & petites Pierres, & ſubvenant de cette maniere à l'accident, en guerit la cauſe par ſon évacuation; ce que nous avons éprouvé apres tous les remedes de la Medecine en toutes ſortes de ſaiſons, meſme au plus fort de l'Hyver à cauſe des violentes douleurs, & ce en des âges fort avancez. Elle provoque les Menſtruës, convient à toutes les obſtructions du bas ventre, aux Diarrhées, aux Cruditez & Indigeſtions, aux foiblesses & douleurs d'Estomach, aux Vomissemens, aux affections sympathiques de la Poitrine & du Cerveau, aux intemperies des Visceres, & purge par insensible transpiration.

Si j'estois plus hardy, & aussi éclairé que je le souhaiterois, j'entreprendrois, M. de rechercher la cause de si beaux effets; mais je laisse cela à Messieurs de l'Academie Royale, ſçavans & tres-penetrans dans la connoiſſance de la Phyſique, & de la Medecine, qui vous feront connoître, & au Public, par la pratique & l'experience journaliere qu'ils ont des plus belles & desplus ſecrettes Operations de la Chymie, le meſlange admirable de diverſes Subſtances Minerales, que la Nature a jointes enſemble pour la compoſition de nos Eaux de Vichy, qui produiſent tous les jours tant de merveilles dans l'uſage & la boiſſon qu'on en fait, pour la gueriſon d'une infinité de Maladies.

Je me contenteray donc d'en juger par les Experiences que j'en vois tous les jours, par leſquelles ſeules nous connoiſſons la vertu aſſeurée des choſes, meſme au ſentiment de [a] Galien. Ce n'eſt pas que ce meſme [b] Auteur n'ait deux maxi-

a Lib. 1. de Simpli. Medicam. Facultatibus.

b 2. & 3. Meth. medēdi.

mes pour connoiſtre les Remedes, la Raiſon, & l'Experience. Cette derniere tombe tous les jours ſous mes ſens, & la Premiere eſt un nuage trop obſcur pour les rayons d'un entendement auſſi foible que le mien.

Je ſçay que la pluſpart des Auteurs qui ont traité de cette matiere, ont hardiment prononcé qu'il y avoit des Eaux ferrées, vitriolées, ſulphurées. [c] Hip-

[c] *Lib. de aëre, locis, & aquis.*

pocrate mesme & [d] Galien, que les Modernes ont suivy, en parlent. Et si nous voulons nous servir de l'autorité des Poëtes, nous trouverons chez Ovide. *Calido de sulphure fumat aqua.* Neantmoins, comme c'est une matiere à fournir plus d'objections que de solutions, chacun en parle selon son sens de differente maniere.

d 1. de sanit. tuenda & 7. de simpl. medic. facultatibus.

Si j'avois a m'engager dans ce détail, je

me ſervirois de la methode du meſme Galien, en conſtituant les ſens exterieurs pour juges de la qualité des Remedes, & ſur ce pié je dirois que cette Fontaine dont je parle, contient de trois Mineraux, ſoit qu'elle paſſe dans une ſeule Mine, ou par pluſieurs ſeparées & differentes, ou ſe trouve par la proportion de la matiere & de l'agent cette pluralité de Mineraux,

raux, à ſçavoir beaucoup de Nitre, peu de Soulphre, & moins de Vitriol.

Je prouve le Soulphre par l'odorat: Car toutes perſonnes qui s'en approchent, particulierement s'ils n'y ſont pas accouſtumées, ne ſentent autre choſe. Le Vitriol par un petit gouſt d'acide, & le Nitre par ſes effets purgatifs & aperitifs. Et s'il m'eſtoit permis, je me ſervirois encore d'une obſervation tres-ſenſible pour la verité de ce ſentiment ; c'eſt, que je remarque une difference tres-grande de l'évaporation artificielle à la naturelle.

Par cette premiere, generalement dans toutes les Sources on ne trouve qu'un Sel Gris-blanc aſſez aſpre au gouſt, & qui ne ſe reſerve ny couleur, ny autres qualitez du Soulphre, non plus que des autres Mineraux.

Par l'autre, que j'appelle Naturelle, on pourroit tirer des consequences plus asseurées. Elle se fait dans le Bain, qui est à dix pas de la Fontaine, renfermé dans la maison du Roy, où elle conduit l'Eau par un Canal pour l'usage du bain & de la bouche. Et comme ce lieu est un peu spacieux, & remply d'air, dés que l'Eau tombe du Canal elle produit quantité de vapeurs, qui ſont condenſées ſuivant la regle des Meteores par l'air, & s'attachent aux murailles, où par la ſucceſſion du temps on trouve une matiere de deux couleurs, l'une retirant au vray à celle du Soulphre, & l'autre à celle du Cryſtal Mineral; On amaſſe de cette derniere diſtinctemẽt des autres. Elle fond dans l'eau & deſſus la langue, avec le meſme gouſt du Cryſtal Mineral. Je ne ſuis pas ſurpris ſi cette meſme Matiere ne ſe trouve plus apres l'évaporation artificielle ; parce qu'étant comme le pur Eſprit de la Source, & la partie la plus ſubtile des Sels ou Mineraux, elle s'évapore facilement dés qu'elle ſent la chaleur du feu, & la plus craſſe & la plus terreſtre demeure calcinée.

Du Puits Quarré ou Fontaine des Capucins.

La ſeconde Fontaine eſt une autre Source, qu'on appelle *le Puits Quarré*, prés de la premiere, la Maiſon des Bains entre-deux, laquelle eſt plus chaude. Si on peut juger des Mineraux par l'odeur, elle ſent pleinement le Soulphre, & plus que la premiere, comme le témoigne la couleur de ſon Sel, qui s'attache aux murailles, où il y a un peu de meſme Sel blanc qu'à l'autre,

& qui a les meſmes qualitez: Et comme ce Mineral, je veux dire le Soulphre, eſt amy de la poitrine, ſi l'experience peut aider à cette preuve, j'en ay veu de bons effets pour les maux eſſentiels de cette partie, & ſingulierement pour les affections Aſthmatiques; ſon gouſt eſt inſipide. Elle purge auſſi par tranſpiration, mais un peu plus ſenſiblement que la premiere.

Du Gros Boulet, ainsi dit à cause de son gros boüillon.

La troisiéme est *le Boulet Quarré*, sur les Fossez de la Ville, dont le goust est beaucoup plus acide que des autres ; ce qui feroit croire que le Vitriol ou son Sel y prédomineroit. L'experience n'y contrarie pas. Elle est la plus aperitive de toutes, & a un peu plus de Mineral. Elle guerit des Fiévres quartes, provoque les Menstruës, & débouche les plus fortes obstructions,

ctions, où conviennent les qualitez du Vitriol ſelon l'uſage que nous avons de ſon Eſprit en Medecine. L'Eau en eſt moins chaude que de la premiere, appellée la Grille.

La quatriéme eſt celle qui ſe trouve au deſſus du Convent des Peres Celeſtins, d'un gouſt fort acide, & de meſme que celles de Saint Myon en Auvergne, merveilleuſe pour

De la Fontaine des Peres Celeſtins.

les chaleurs & obſtru-ctions des Viſceres, tres-aperitive, propre aux chaleurs de Reins, & de la Veſſie, & particuliere avec les deux ſuivantes pour toutes les Gonorrhées. Elle eſt actuellement froide.

Des petits Boulets

Les cinquiéme & ſixiéme ſont deux petits Boulets quarrez ſur le chemin des Bains à Cuſſet, qui ſont tiedes, tous deux ſe joignans, & ſont à peu prés de mesme qualité; à sçavoir un goust comme celuy de fer, & un peu acide, où il se trouve du Nitre par l'évaporation. Ces Fontaines fortifient, & sont propres aux chaleurs, comme celle cy-dessus, dont les bons effets ont fait negliger l'usage de l'autre. Elles purgent particulierement les Reins, & la Vessie, & n'y laissent que ce qui est d'une grosseur trop disproportionnée à l'eſten-duë du paſſage des vaiſ-ſeaux. Ces proprietez ſont fondées ſur l'ex-perience. Monſieur Garnier Threſorier de France en la Generali-té de Moulins, eſtant incommodé de la Gra-velle, apres l'épreuve de toutes ſortes d'Eaux Minerales avec peu de ſuccez, fuſt conſeillé d'en boire; d'où il re-ceuſt un ſi grand ſou-lagement, que pour en continuer l'uſage, il les fist construire, & de là s'appellent les Fontaines Garnieres, desquelles on voit tous les jours de si bons effets, que les affligez de cette maladie ont rendu par cette boisson des Pieres tant des Reins que de la Vessie, & autant de Sable & de Phlegme qu'il y en avoit dans ces parties.

Ce n'est pas que les autres Sources n'ayent cette mesme vertu : mais il semble que l'experience nous veüille apprendre que l'Eau de ces deux Fontaines ait quelque chofe de plus ſpecifique pour ſemblables indiſpoſitions, que les autres.

Je ne vous diray rien icy, M. de l'examen que j'ay fait de nos Eaux avec le Frere Dalleré Religieux de l'Abbaye de Sainte Geneviéve de Paris, experimenté en Medecine, & habile dans la pratique des plus belles Operations de la Physique Resolutive; Car nous avons fait cet Examen par vostre commandement en vostre presence, & pour satisfaire à vostre curiosité au Printemps de l'ânée derniere 1675 estant à Vichy, c'est pourquoy je me contenteray de vous dire en general en faveur de nos Eaux, qu'elles prévalent à toutes autres.

Premierement parce

qu'elles ſont plus purgatives, comme on le peut connoiſtre par la quantité de leurs Sels ou Mineraux, deſquels abſolument dépendent leurs effets: ce qui ſe prouve par l'évaporation des unes & des autres. Et par la meſme raiſon que deux dragmes de Sené, d'Agaric, ou de Rhubarbe, purgent plus fortemẽt qu'une ſeule, auſſi les Eaux qui ont plus de Sels évacuënt plus que celles qui en ont moins ; Cette qualité ne leur eſtant point propre d'ailleurs, ce que l'experience journaliere confirme.

Secondement, par cette varieté de Sources chaudes & froides à divers degrez, qui ne ſe trouve point ailleurs, & qui accomplit parfaitement les indications de la Medecine, & donne grande ſatisfaction dans la diverſité des Opinions des Medecins à faire boire des chaudes ou des froides, qui bien ſouvent ne conviennent pas. Et comme (du moins à mon ſens) la Queſtion ne peut mieux ſe decider que par l'experience, & que le jugement de cette difficulté eſt plus aſſeuré par les effets que par les cauſes, il eſt certain qu'il faut continuer l'uſage de celles dont on ſe trouve le mieux, & ceſſer celuy de celles qui agiſſent au contraire: ce qui eſt impoſſible dans les autres lieux que Vichy, où il n'y a que des unes ou des autres. Et je puis vous dire, M. que les temperamens, les âges, les maladies, les ſexes, les habitudes, &c. ſont ſi differents, que nous voyons tous les jours une Source manquer aux uns, & parfaitement réüſſir aux autres. Comment donc peuvent les Beuveurs trouver leur ſatisfactiondans les lieux où il n'y a qu'une ſeule Fontaine, ou pluſieurs de meſme nature ?

Je prens ma troiſiéme raiſon de la ſituation du lieu. Vichy eſt un tres-beau lieu en païs plain, le long de la Riviere d'Allier. Son Rivage eſt au pied des Fontaines. Il y a un Cours ou Prairie d'une lieuë de long, & prés de demie de large, où la veuë ne trouve aucune varieté que pour la recréer. Les Bains & les Fontaines ſont dans une place éloignée de la Ville, ornée de beaux logis aux environs, & d'un Convent de Capucins, & ſpacieuſe pour ſe promener en beuvant les Eaux, & le reſte du jour aux heures commodes.

Vichy eſt à dix lieuës au deſſus de Moulins, à demie lieuë de Cuſſet, à neuf de Clermont, & à ſept de Riom. Il ſemble que l'artifice ne puiſſe rien adjouſter à la beauté du Pays. On y trouve toutes ſortes d'alimens ſelon les Saiſons : mais ces circonſtances ne le rendent que plus commode. Il y en a une, que j'oſe dire le rendre neceſſaire, qui eſt la bonté de l'Air, puiſque c'eſt une cauſe principale pour la vie de l'homme, & qu'il ne peut vivre ſans reſpirer, eſtant la premiere choſe qui ſe rencontre à ſon uſage dés le moment de ſa naiſſance: d'où vient la neceſſité inévitable que nous avons de la preſence de cet Element pour vivre, & par ſa privation de mourir. La raiſon eſt, que le corps ne peut ſubſiſter ſans nourriture, qui doit répondre à ſa compoſition, laquelle ſelon Hippocrate & Galien, eſt de trois

Subſtances, de la ſolide, de l'humide, & de la ſpiritueuſe, qui ſont auſſi nourries & ſoûtenuës par trois ſortes d'alimens; par le manger, comme les parties ſolides; par le boire, comme les humides; & par l'air pour les ſpiritueuſes; toutes leſquelles ne peuvent ſubſiſter à cauſe de leur continuelle diſſipation, ſi elles ne ſont reparées par leur ſemblables, & principalement

ment la ſpiritueuſe, qui s'exhale plus facilement que les autres. Or comme perſonne n'ignore que les bons alimens font le bon ſuc, & que du bon ſuc s'engendre le bon ſang, & du bon ſang la bonne nourriture par ſon aſſimilation avec les parties : auſſi perſonne ne deſ-avoüera que l'air eſtant de la meſme conſequence pour la vie & nourriture de l'homme, le plus pur ſera le plus convenable pour la reparation des Eſprits, & la conſervation de la chaleur naturelle. Tel eſt celuy de Vichy, lequel ſans difficulté contribuë beaucoup au ſoulagement des malades, & à l'heureux ſuccez des Eaux, dont le changement ſe pratique ſouvent en Medecine pour cette fin. * Et je ne vois pas que les avantages ſoient ſi communs ailleurs, à

* *In morbis longis terram mutare iuvat, ex Hipp. lib. 6. Epidem.*

ſçavoir la bonté & diverſité des Eaux Minerales, la pureté de l'air, & la belle ſituation.

Voilà M. le nombre des Fontaines de Vichy, deſquelles on uſe au Printemps & en Automne par élection, & toute l'année par neceſſité, autant de temps que l'eſtat du mal le demande, avec les preparations & les précautions neceſſaires, qui dépendent de la prudence des Medecins, de mesme que la quantité qu'on en doit boire chaque jour : avec cette observation, que les Eaux Minerales de Vichy font tout ce que la Medecine se peut promettre d'un semblable Remede.

Elles resolvent toutes sortes d'obstructions sans repugnance de la part de la matiere, laquelle pour crasse, lente, & visqueuse qu'elle soit, elles attenuënt, incisent, dissolvent, & detergent, & avancent la coction des humeurs.

Je n'en trouve pas davantage de la part des lieux obstruez. Et sans vous ennuyer, M. à dire qu'elles débarassent les obstructions de toutes les parties en particulier, je me serviray de cette division comme d'un genre, qui comprend toutes les especes. Elles n'ont toutes que ces deux

Relations, ou à la matiere obſtruente, à qui elles conviennent, ou aux lieux obſtruez, leſquels ne ſont pas moindres en nombre que les parties du corps, où elles ſont tres-propres.

Pour prouver cette verité, je me veux ſervir de la diviſion Anatomique en trois ventres ou cavitez.

Je commenceray par le bas ventre, où ſont contenuës les parties naturelles, ſoit pour la nourriture, ſoit pour la generation, qui me ſemblent les plus ſujettes aux obſtructions, pour deux raiſons.

La premiere, que ces parties ſont plus ſpongieuſes & glanduleuſes, comme la Rate, le Meſentere, le Pancréas, &c. & par conſequent plus ſuſceptibles de l'abondance des humeurs à cauſe de leur facile dilatation, & de leur peu de ſentiment & de force pour les reſoudre & évacuer.

La ſeconde, à cauſe de la pluralité des coctions, neceſſité inévitable de la quantité d'excremens, dont chacune en particulier fait une ſeparation du pur avec l'impur. Et comme dans l'Eſtomach ſe fait la chyloſe ou premiere coction, dont les impuretez reſtent dans cette premiere region; de meſme en eſt-il de celles de l'hamatoſe ou ſanguification qui

qui ſe fait au foye, dont la plus craſſe ſe refugie dans la Rate, Mezentere, Pancrée, &c. où elles demeurent juſques à l'expulſion faite naturellement, ou par artifice. Outre que ces deux coctions luy ſont particulieres, & principe de la plus grande quantité d'excremens, qui cauſent ſi ſouvent la dureté, la tumeur, & l'élevation de cette Region, deſordre ordinaire de la ſanté.

La troiſiéme, qui eſt l'homœoſe ou aſſimilation luy eſt commune, comme à toutes les autres : de maniere qu'étant le lieu le plus ſujet aux obſtructions, les Eaux les plus aperitives doivent eſtre preferées, comme elles ſont preferables pour les indiſpoſitions de cette cavité. C'eſt ce que les Eaux de Vichy accompliſſent parfaitement dans toutes ces parties,

Les parties Pectorales ſemblent y eſtre moins ſujettes, n'ayant que la ſeule coction pour leur nourriture, & eſtant plus ſenſibles à l'expulſion à cauſe de leur continuel mouvement. Neantmoins, lors qu'elles ſont trop foibles, & les humeurs trop abondantes & vitieuſes par congeſtion ou fluxion, elles reçoivent l'impreſſion & le caractere de toutes ſortes de maladies, comme d'autres, &

plustost les Poulmons, qu'Hippocrate compare avec la Rate, lesquels imbus de matiere crasse, pituiteuse, ou visqueuse, forment l'Asthme ou difficulté de respirer, & autres semblables maladies longues & difficiles, où les Eaux de nostre Puits quarré font des prodiges ; & si on peut conclure des antecedents par leurs consequents, dont ils sont principes, on peut asseurer qu'elles ſont ſulphurées, ce qui ſe prouve par pluſieurs experiences, où le Soulphre ſe trouve de grand uſage en Medecine en ſemblables occaſions.

Le Cerveau, qui ne ſouffre ordinairement que par ſympathie des viſceres inferieurs, & d'où naiſſent toutes ſortes de fluxions autant interieures qu'exterieures, comme le veut Hippocrate, eſt ſenſiblement dégagé

Quod ventriculus eſt cerebro, id cerebrum ventriculo & toti lib. de locis in homine.

par ce remede, qui évacuë toutes les matieres qui luy envoyent des vapeurs & fumées, & restablit les parties dans leur temperie naturelle. C'est une experience continuelle, qui les prouve propres à toutes sortes d'obstructions, sans resistance ny de la part de la matiere, ny des lieux obstruez.

C'est M. au vray le Portrait des Eaux Minerales de Vichy, lesquelles quoy que bonnes d'elles-meſmes, & innocentes d'aucune fâcheuſe ſuite, ſont neantmoins accuſées par quelques gens, qui ne les connoiſſent pas, d'échauffer. Je ſçay bien qu'il n'eſt pas ordinaire de dire, que les Eaux Minerales rafraîchiſſent d'elles-meſmes, puiſque la pluſpart des Mineraux qui entrent dans leur compoſition, ſont chauds & ſecs. Il eſt vray que les uns le ſont plus, les autres moins: mais leur puiſſance me paroiſt en cette occaſion eſtre ſans acte pour échauffer ou deſſeicher; puiſque l'eau froide & humide, qui prevaut à ce meſlange, empeſche cet effet,& comme vehicule reſpectif l'un de l'autre paſſent enſemble par le corps ſans autre impreſſion que de purger, rafraîchir,& fortifier les viſceres en ſe moderant l'un l'autre reciproquement.

L'experience toutesfois fournit une objection par le sentiment des Beuveurs, qui se trouvent eschauffez mesme jusqu'à la sueur.

Je répons que ce n'est point par le principe de la chaleur de l'Eau, mais par celuy des matieres bilieuses ou autres putrides & vitieuses en quantité ou qualité, lesquelles émuës & agitées donnent des marques de leur preſence juſqu'à ce que par la ſuite elles ſoient évacuées par la force des Eaux, ou d'un plus puiſſant purgatif. Et c'eſt de cette maniere que celles, qui ont peu de Mineral, échauffent; parce qu'elles émeuvent tout & n'évacuënt rien. Et meſme, ſi on le veut ainſi, Vichy eſt un lieu où il y en a de chaudes & de froides, ſelon tous les differens degrez, & où il y a assez de Mineral pour évacuer ce qu'elles émeuvent. Que si on veut qu'elles échauffent, parce qu'elles sont Minerales, cela doit estre commun à toutes les autres Sources tant chaudes que froides, & non propre ny particulier à celles de Vichy. Que si elles émeuvent la sueur, c'est une action plus à souhaiter qu'à craindre, & un mouvement dont

la Nature eſt maiſtreſ-
ſe, non point le reme-
de, duquel elle ſe ſert
par toutes les voyes les
plus propres & les plus
convenables, comme
de la tranſpiration pour
purger l'habitude du
corps remply le plus
ſouvent d'humeurs,
flatuoſitez, & ſeroſitez
ſuperfluës, qui cauſent
des douleurs, & d'au-
tres accidens à ces par-
ties, & qui ne peuvent
plus commodément
s'évacuer. Ce qui

prouve qu'elles sont plustost à loüer par cette bonne qualité, qu'à blâmer, puisque mesme elle est necessaire en semblables occasions, où on est obligé de se servir du Bain quand les corps ne transpirent pas assez par la boisson. Et pour preuve que la Nature ne se sert de céte sueur ou transpiration sensible ou insẽsible qu'aux corps qui en ont besoin, c'est qu'elle n'est pas commune à tous les Beuveurs, quoy qu'ils usent de la mesme Eau : mais selon qu'ils sont disposez, puisque souvent ceux qui suënt au commencement, ne suënt pas à la fin, & d'autres au contraire.

Qui potione Medicâ dum purgantur, non sitiunt, ipsorum purgandi finis non sit, donec

Disons encore, que, si elles échauffoient, la fin de leur purgation seroit comme celle des autres purgatifs, la Soif ; ou à cause du Medicament, quand il eſt acre, chaud, & mordicant; ou à cauſe de la facile alteration de l'Eſtomach; ou à cauſe de la bile & chaleur des humeurs. Mais tout au contraire que l'Eſtomach ſoit chaud & ſec, que la bile ſoit abondante, leur évacuation, j'entens moderée, n'altere jamais: & cependant nous voyons ſouvent des temperamens chauds & ſecs en boire, & en eſtre pluſtoſt rafraîchis

ſitiverint, Hipp. aph. 19. ſect. 4.

qu'échauffez, ny desseichez. Et quand cela arrive, il en faut plûtost blasmer la mauvaise conduite du malade pour en trop prendre & se trop purger, & autres fautes considerables, que le remede.

De plus, pour prouver que leur chaleur est douce & benigne, l'Ozeille & la Laituë demeurent dans la Source autant que l'on veut, sans se flétrir aucunement,

cunement, ny changer, & encore moins d'autres herbes ou autres corps plus solides. Comment donc imprimeroient-elles quelque mauvais caractere de chaleur aux visceres? Et celle qu'on sent dans l'Estomach apres les avoir beuës, qui est amie de cette partie, & en fortifie la vertu, est comme celle d'un boüillon de Veau, Poulet, &c. alteré de Cichorée, Laituë, &c. lequel quoy que pris chaudement, rafraîchit apres la digeſtion.

Je ſçay de plus, qu'on les blaſme de petrifier, parce qu'on trouve quelques petites élevations en forme de petites pierres autour de leurs murailles, qu'elles produiſent. Et les malintentionnez pour ces Fontaines, diſent, qu'elles font le meſme effet dans le corps des Beuveurs.

La Philoſophie nous

apprend le contraire, en nous enſeignant que des cauſes, qui concourent à la generation ou production du composé, il y en a une Efficiente, & l'autre Materielle.

L'Efficiente de la Pierre dans les corps des hommes, eſt la Chaleur.

La Materielle eſt une Matiere craſſe, terreſtre, viſqueuſe, phlegmatique, ou de quelque nature qu'elle ſoit, deſſeichée par cette premiere.

Cette Matiere de ſa propre qualité, & par ſon propre poids, comme eſtant de la nature des corps graves, mélée avec de l'eau, tend au fonds du vaiſſeau, comme les élemens dans leur centre. Cela ſe voit dans les urines des hommes ſujets à la Pierre. Celle des Eaux Minerales de Vichy tout au contraire. Une experience ſenſible le prouve, c'eſt d'en puiſer, & la mettre dans un verre des plus beaux, où apres avoir demeuré longtemps, il ſurnâge deſſus certaine matiere blanche, & le fonds du verre eſt beau, & auſſi tranſparent qu'on peut ſe l'imaginer : ce qui conclud formellement que cette matiere eſt entierement opposée à celle de la pierre, & qu'elle reſſemble pluſtoſt aux corps legers, comme à l'air & à l'eſprit, qu'aux graves, puiſque ſon mouvement eſt ſuperieur, & celuy de la pierre, ou de ſa matiere inferieur. Cette meſme raiſon prouve que les Eaux Minerales tranſportées ne ſont pas d'un grand effet, ou qu'il eſt beaucoup moindre que priſes ſur les lieux.

Il ne me reſte plus à vous dire, M. que nous avons encore un autre uſage des Eaux chaudes, qui nous ſervent pour le Bain ou la Bouche ſelon la neceſſité, & que les Medecins le jugent à propos : dont les effets ſont d'échauffer, de reſoudre, & de vuider par tranſpiration les humeurs contenuës dans les parties affligées, où nous voyons tous les jours guarir les Paralyſies, & les douleurs de Rheumatiſmes.

Voilà le compte que j'ay, M. à vous rendre de ces Eaux, la connoiſſance exacte & parfaite de leurs cauſes demande un travail de plus longues années,& d'une plus grande ſuite d'experiences. C'eſt à quoy je m'appliqueray inceſſamment pour vous en rapporter fidellement les obſervations, quand je croiray en eſtre plus certain, puiſque ma plus grande paſſion, & ma plus grande

grande gloire ſeront toûjours d'obeïr à une perſonne de voſtre Naiſſance, de voſtre Dignité, & de voſtre rare merite, & de m'en dire avec tout le reſpect imaginable,

MONSIEUR,

Le tres-humble, & tres-obeïſſant ſerviteur,
IOLY, Doct. Med.

VEu l'Approbation. Permis d'imprimer. Fait le 27. d'Aoust 1675.

DE LA REYNIE.

APPROBATION.

NOus sous-signez Doyen & Docteurs Regents de la Faculté de Medecine en l'Vniversité de Paris, avons consenty & consentons que le Livre qui a pour titre *Description des Eaux Minerales de Vichy*, fait par Monsieur

Iolly Docteur en Medecine, ſoit imprimé & diſtribué au Public. En foy de quoy Nous avons ſigné le preſent conſentement. Fait à Paris le vingt-quatriéme Aouſt mil ſix cens ſoixante & quinze.

A. I. MORAND,
Doyen.

DE MERCENNE.
HUREAUT.
PUYLON.
RAINSSANT.

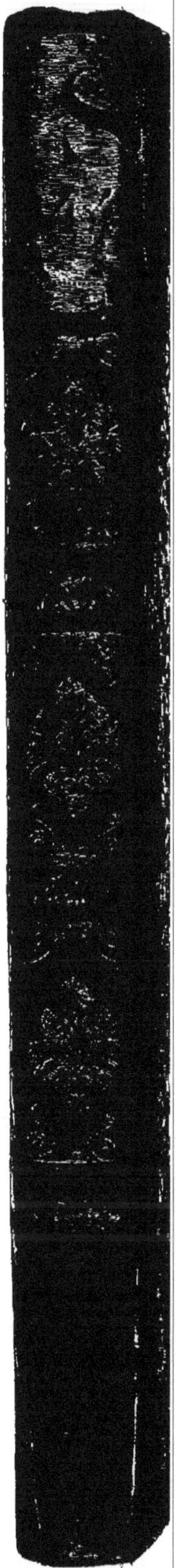

www.ingramcontent.com/pod-product-compliance
Lightning Source LLC
Chambersburg PA
CBHW050621210326
41521CB00008B/1340

* 9 7 8 2 0 1 9 5 7 8 6 5 7 *